DICTIONNAIRE

DES

SCIENCES NATURELLES.

PLANCHES.

ZOOLOGIE : VERS ET ZOOPHYTES.

STRASBOURG, DE L'IMPR. DE F. G. LEVRAULT.

DICTIONNAIRE
DES
SCIENCES NATURELLES.

Planches.

2.e PARTIE : RÈGNE ORGANISÉ.

Zoologie.

VERS ET ZOOPHYTES,

PAR

M. DUCROTAY DE BLAINVILLE,

Membre de l'Académie royale des sciences de l'Institut ; Professeur au Jardin du Roi ; Professeur d'anatomie, de physiologie comparées et de zoologie à la Faculté des sciences de Paris, etc.

PARIS,

F. G. LEVRAULT, LIBRAIRE-ÉDITEUR, rue de la Harpe, n.° 81,
Même maison, rue des Juifs, n.° 33, à STRASBOURG.

1816 — 1830.

TABLES DES PLANCHES

DU

DICTIONNAIRE DES SCIENCES NATURELLES.

ZOOLOGIE.

VERS.

N.° d'ordre.	FAMILLES.	GENRES ET ESPÈCES.	RENVOI AU TEXTE. Tome.	Page.	N.° du cahier.
		CHÉTOPODES.			
1	Serpulidés......	Serpule vermiculaire......	48 57	553 429	57
		Spirorbe nautiloïde.......	50 57	301 429	
		Vermilie triquètre........	57 57	329 430	
		Galéolaire en touffe......	57	431	
2	Sabellariés.....	Cymospire géante........	57	431	56
		Amphitrite porte-vent....	2 57	76 434	
		Idem de Spallanzani......	2 57	76 434	
3	*Idem*..........	Pectinaire dorée.........	38 57	200 436	56
		Idem égyptienne.........	38 57	200 437	
4	*Idem*..........	Sabellaire alvéolée........	46 57	486 435	59
		Térébelle coquillière......	2 53 57	80 117 438	
5	*Idem*..........	*Idem* Méduse...........	53 57	117 438	56
		Idem papilleuse.........	2 53 57	82 119 438	
6	Arénicoles......	Arénicole des Pêcheurs...	2 57	473 447	55
		Clymène amphistome.....	9 57	447 445	
7	Amphinomes.....	Amphinome jaune.......	2 57	71 450	55
		Idem alcyonienne........	2 57	71 451	

N.° d'ordre.	FAMILLES.	GENRES ET ESPÈCES.	RENVOI AU TEXTE. Tome.	Page.	N.° du cahier.
8	Amphinomes	Euphrosine laurifère......	32 57	16 453	55
		Aristénie cachée.........	57	453	
9	Aphrodités	Aphrodite hérissée.......	2 57	282 456	56
		Hermione hispide........	57	457	
10	*Idem*.........	Eumolpe vésiculeuse......	57	458	56
		Idem scolopendrine......	57	459	
		Idem très-longue	57	459	
11	*Idem*.........	*Idem* épineuse	57	459	56
		Idem écailleuse..........	57	458	
12	*Idem*.........	Phyllodoce maxillée......	40 57	108 461	57
13	Néréidés.......	Néréiphylle de Paretto...	57	466	57
		Idem verte.............	57	466	
		Étéone épaisse	34 57	447 466	
14	*Idem*.........	Néréide messagère........	34 57	433 470	56
		Idem armillaire	34 57	436 470	
15	*Idem*.........	*Idem* antennine..........	34 57	426 469	56
		Idem sanguine..........	34 57	428 469	
16	*Idem*.........	Aglaure éclatante........	34 57	429 481	56
		Œnone brillante.........	57	491	
17	*Idem*.........	Hésione éclatante........	34 57	443 481	55
		Syllis monilaire.........	34 57	441 473	
18	*Idem*.........	Nephtys de Homberg.....	34 57	438 483	57
		Néréiphylle stellifère.....	57	467	
19	*Idem*.........	Glycère douteuse.........	34 57	451 484	58
		Spio séticorne...........	34 57	448 441	
20	Néréiscolés.....	Lombrinère brillant......	57	486	57
		Idem scolopendre........	57	485	
		Idem de Pallas..........	57	486	
21	*Idem*.........	Cirrinère filigère.........	57	488	57
		Siphostome diplochaïte...	49 57	301 494	
22	Lombricinés.....	Lombric terrestre........	27 57	162 495	57

N.° d'ordre.	FAMILLES.	GENRES ET ESPÈCES.	RENVOI AU TEXTE. Tome.	Page.	N.° du cahier.
23	Lombricinés....	Naïs digitée............	34 57	131 498	57
24	*Idem*.........	*Idem* littorale..........	34 57	129 498	57
		Idem élingue............	34 57	131 498	
		Idem proboscidale.......	34 57	130 498	
		Idem élingue tronquée....	34 57	127 498	
25	*Idem*.........	Scolople armé...........	57	493	56
		Tubifex marin	56 57	19 497	
		Lombric des sables......	27 57	163 495	
		Cirratule boréal.........	57	490	
		Tubifex des ruisseaux....	56 57	18 497	
26	Échiurés.......	Sternaspis thalassémoïde..	57	501	53
		Siponcle élégant.........	49 57	305 554	

APODES.

N.° d'ordre.	FAMILLES.	GENRES ET ESPÈCES.	Tome.	Page.	N.° du cahier.
27	Onchocéphalés..	Polystome de Delaroche..	26 42	509 442	51
		Idem très-entier.........	26 42 57	509 441 572	
		Idem pinguicole	26 42 57	509 441 572	
		Prionoderme ascaroïde....	43 57	532 534	
		Polystome tænioïde.......	26 42 57	511 441 532	
		Tétragule de Bosc........	26 57	509 532	
		Nettorhynque rare.......	S.	—	
28	Oxycéphalés.....	Filaire grêle............	17 57	7 536	54
		Idem Dragonneau........	17 57	5 536	
		Trichosome infléchi......	55 57	240 538	
		Oxyure de l'homme......	37 57	188 539	

N.° d'ordre.	FAMILLES.	GENRES ET ESPÈCES.	RENVOI AU TEXTE. Tome.	Page.	N.° du cahier.
28	Oxycéphalés....	Hamulaire subcomprimé .	20 57	258 549	54
		Trichocéphale de l'homme.	55 57	208 538	
29	*Idem*.........	*Idem* hérissé...........	55 57	207 538	52
		Strongle armé..........	51 57	128 543	
		Télazie de Rhodes.......	53 57	440 547	
		Ascaride lombricoïde.....	57	541	
		Strongle géant...........	51 57	129 543	
		Ascaride crénelé.........	57	540	
30	*Idem*.........	Ophiostome sphérocéphale.	36 57	204 540	52
		Idem mucroné..........	36 57	203 540	
		Liorhynque denticulé.....	27 57	7 548	
		Physaloptère clos........	57	545	
		Trichocéphale noduleux...	55 57	207 538	
		Spiroptère strongylin.....	57	546	
		Cucullan élégant........	12 57	141 542	
31	Échinocéphalés.	Échinorhynque du rat....	14 57	204 550	51
		Idem de la baleine......	14 57	208 551	
		Idem géant.............	14 57	209 550	
		Idem pyriforme..........	14 57	204 550	
		Idem à queue...........	14 57	204 550	
		Idem sphérocéphale......	14 57	204 550	
		Idem noduleux..........	14 57	204 550	
		Idem le même.....	14 57	204 550	
32	Siponculés......	Siponcle nu...........	49 57	309 554	57
		Idem microrhynque......	49 57	310 554	

N.° d'ordre.	FAMILLES.	GENRES ET ESPÈCES.	RENVOI AU TEXTE. Tome.	Page.	N.° du cahier.
32	SIPONCULÉS......	Siponcle macrorhynque...	49 57	310 554	57
		Idem édule............	49 57	310 554	
33	*Idem*..........	*Idem* phalloïde..........	49 57	311 554	58
		Idem en massue.........	49 57	312 554	
		Idem commun..........	49 57	312 554	
		Idem de Gênes..........	49 57	313 554	
		Idem tuberculé..........	49 57	313 554	
34	HIRUDINÉS......	Branchiobdelle de la torpille	57	556	53
		Sangsue épineuse........	47	241	
		Idem lisse..............	47	243	
		Idem à bandelettes.......	47	243	
		Idem géomètre..........	47	244	
		Idem de Dutrochet.......	47 57	246 559	
35	*Idem*..........	*Idem* noire..............	47	249	53
		Idem sanguisorbe.......	47	252	
		Idem du Nil...........	47 57	257 563	
36	*Idem*..........	*Idem* médicinale grise....	47	254	53
		Idem médicinale verte....	47	254	
		Idem médicinale marquetée	47	255	
		Idem de Provence.......	47	254	
		Idem de Verbano........	47	256	
		Idem vulgaire..........	47	259	
		Idem atomaire..........	47	261	
37	*Idem*..........	*Idem* aplatie...........	47	263	53
		Idem bioculée..........	47	265	
		Idem trioculée..........	47	267	
		Idem céphalote.........	47	266	
		Idem pulligère.........	47	266	
		Idem cloporte..........	47 57	264 565	
		Idem de l'hippoglosse....	47	269	
		Idem grosse............	47	270	
		Polyrhyse de Delaroche..	57	571	
		Capsale rouge..........	57	569	
38	NEMERTES.......	Borlasie d'Angleterre....	57	575	57
		Cérébratule bilinée......	57	574	
		Tubulan polymorphe....	57	574	
		Idem élégant...........	57	574	

N.° d'ordre.	FAMILLES.	GENRES ET ESPÈCES.	RENVOI AU TEXTE. Tome.	Page.	N.° du cahier.
39	CYLINDRARIÉS....	Bonellie verte..........	57	576	58
40	APODES.........	Prostome clepsinoïde.....	57	577	61
		Dérostome notops........	57	577	
		Idem linéaire...........	57	578	
		Idem leucopse..........	57	577	
		Idem squale............	57	577	
		Idem gros..............	57	577	
		Idem plature...........	57	577	
		Idem polygastre.........	57	577	
		Planaire verdâtre........	41 57	207 578	
		Idem noire.............	41 57	213 578	
		Idem lactée............	41 57	212 578	
		Idem subtentaculée......	41 57	211 578	
		Idem trémellaire........	41 57	217 578	
		Idem cornue............	41 57	210 578	
		Idem terrestre..........	41 57	215 578	
		Idem brune.............	41 57	211 578	
		Planocère de Gaimard....	57	579	
41	POROCÉPHALÉS....	Monostome Botte........	32 57	487 582	54
		Fasciole hépatique.......	16 57	200 585	
		Idem de Brongniart.....	16 57	198 585	
		Monostome caryophyllin..	32 57	487 582	
		Fasciole laurinée.........	16 57	198 585	
		Hirudinelle en massue...	57	586	
		Fasciole échinée.........	16 57	203 585	
		Amphistome longicolle...	57	582	
		Amphistome bonnet......	57	582	
		Idem du dauphin........	57	582	
		Géroflée changeante......	18	497	
42	INTESTINAUX.....	Dibothriorhynque du lépidope................	57	589	52
		Gymnorhynque rampant..	57	590	

N.° d'ordre.	FAMILLES.	GENRES ET ESPÈCES.	RENVOI AU TEXTE. Tome.	Page.	N.° du cahier.
42	INTESTINAUX.	Tétrarhynque discophore. .	53 57	317 591	52
		Anthocéphale macroure. . .	27 57	541 594	
		Floriceps de Cuvier.	17 57	157 593	
43	*Idem*	Ténia de l'homme.	53 57	72 598	52
		Idem marteau.	53 57	71 598	
44	BOTHRIOCÉPHALÉS.	*Idem* plissé.	53 57	44 598	54
		Idem villeux.	53 57	44 598	
		Idem crassicolle.	53 57	77 598	
		Cysticerque fasciolaire . . .	12 57	419 601	
		Idem ténuicolle.	12 57	419 601	
		Idem celluleux.	12 57	419 601	
		Cœnure cérébral.	7 57	398 603	
45	INTESTINAUX.	Échinocoque de l'homme. .	57	603	52
		Idem de l'homme, grossi.	57	603	
		Idem des animaux.	57	603	
		Ditrachycère rude.	13	369	
		Schisture de Redi.	48	79	
		Hydromètre à grappes. . . .	22	243	
46	BOTHRIOCÉPHALÉS.	Massète polymorphe.	29 57	301 606	52
		Tentaculaire papilleux. . . .	53	94	
		Bothriocéphale auricule. . .	5 S. 57	47 610	
		Bothridie du pithon.	57	609	
		Ligule très-simple.	57	611	
47	*Idem*	Bothriocéphale de l'homme.	5 S. 57	47 610	54
48	INTESTINAUX.	*Idem* couronné.	5 S. 57	47 610	52
		Idem corolle.	5 S. 57	47 610	
		Triænophore noduleux. . . .	57	596	

FIN DE LA TABLE DES VERS.

TABLE

ALPHABÉTIQUE DES PLANCHES DES VERS.

(Le chiffre indique l'ordre de la planche.)

TABLE DES PLANCHES

DU

DICTIONNAIRE DES SCIENCES NATURELLES.

ZOOLOGIE.

ZOOPHYTES.

N.° d'ordre.	FAMILLES.	GENRES ET ESPÈCES.	RENVOI AU TEXTE. Tome.	Page.	N.° du cahier.
1	Physogastres....	Physale ordinaire........	40 60	121 103	61
2	Physogrades....	Rhizophyse filiforme.....	45 60	392 108	60
		Physsophore muzonème...	40 60	152 105	
		Rhizophyse hélianthe (sous le nom de *Rhodoph. héliant.*)	60	112	
		Hippopode jaune (sous le de nom *Protomédée jaune*)	60	110	
3	Physsophoriens..	Stéphanomie grappe......	50 60	507 109	60
4	Diphydes.......	Amphiroa ailée..........	60	121	61
		Nacelle sagittée	34 60	108 510 120	
		Calpé pentagone.........	60	122	
		Abylé trigone...........	60	123	
		Ennéagone hyalin........	60	121	
		Cuboïde vitré...........	60	120	
5	*Idem*..........	Diphye de Bory.........	60	123	61
6	Ciliogrades.....	Ceste de Vénus..........	60	139	60
		Béroë ovale............	60	131	
		Callianire triploptère.....	60	137	
7	Infusoires......	Bracchion urcéolaire.....	60	147	61
		Idem plicatile..........	60	147	
		Idem strié.............	60	147	
		Idem bractée..........	60	148	
		Idem patelle...........	60	147	
		Furculaire revivifiable....	60	151	
		Vorticelle hémisphérique..	58 60	496 153	
		Idem sociale...........	58 60	494 153	

N.° d'ordre.	FAMILLES.	GENRES ET ESPÈCES.	RENVOI AU TEXTE. Tome.	RENVOI AU TEXTE. Page.	N.° du cahier.
7	INFUSOIRES.....	Vorticelle trompette.....	58 60	494 154	61
		Urcéolaire appendiculée..	56	313	
		Idem cirrheuse..........	56	313	
		Idem nèfle..............	56	313	
		Vaginicole locataire......	56	427	
		Folliculine ampoule......	17	195	
8	*Idem*.........	Paramécie aurélie........	37 60	523 158	61
		Bursaire troncatelle......	5 S. 60	137 163	
		Idem hirondeau.........	5 S. 60	137 163	
		Kolpode coucou.........	24 60	491 163 164	
		Idem pintade...........	24 60	491 163	
		Leucophre verdâtre......	26 60	156 160	
		Idem noduleuse..........	26 60	156 160	
		Trichode canard.........	55 60	220 159	
		Idem mélitée...........	55 60	220 159	
		Idem pourprée..........	55 60	220 159	
		Idem versatile..........	55 60	220 160	
		Idem orangée...........	55 60	220 159	
		Idem lipide...........	55 60	220 159	
		Idem lièvre...........	55 60	220 159	
		Idem toupie...........	55 60	221 159	
		Idem bâillante..........	55 60	223 159	
		Cercaire podure..........	7 60	437 165	
		Idem hérissée..........	7 60	437 165	
		Idem catelle...........	7 60	437 165	
		Paramécie océanique.....	37 60	522 158	

N.° d'ordre.	FAMILLES.	GENRES ET ESPÈCES.	RENVOI AU TEXTE. Tome.	Page.	N.° du cahier.
9	INFUSOIRES......	Monade atome..........	32 60	430 162	61
		Idem pulviscule.........	32 60	430 162	
		Idem œil...............	32 60	430 162	
		Idem grappe...........	32 60	429 162	
		Volvoce point..........	58 60	487 160	
		Idem grain.............	38 60	487 160	
		Idem grésil.............	38 60	486 160 161	
		Idem globuleux.........	38 60	487 160	
		Idem végétant..........	38 60	488 160 161	
		Gonium pectoral.......	60	167	
		Cyclide noirâtre (se trouve être une *Planaire*).....	12 60	284 161	
		Protée rameux..........	43 60	398 165	
		Idem tenace............	43 60	398 165	
		Enchélide verte.........	14 60	449 166	
		Idem cheville...........	14 60	449 166	
		Idem papille...........	14 60	449 166	
		Idem larve.............	14 60	449 166	
10	HOLOTHURIE.....	Holothurie tubuleuse.....	21 60	316 174	59
11	ÉCHINIDES......	Spatangue violet.........	50 60	87 182	60
12	*Idem*..........	Ananchite ovale........	2 S. 60	40 187	55
		Galérite globuleuse......	18 60	86 204	
		Nucléolite Patelle.......	35 60	213 188	
13	*Idem*..........	Clypéastre rosacé........	9 60	448 197	61

N.o d'ordre.	FAMILLES.	GENRES ET ESPÈCES.	RENVOI AU TEXTE.		N.o du cahier.
			Tome.	Page.	
14	Échinides	Oursin comestible	37 60	85 209	60
15	*Idem*	Étoile de mer ordinaire	3	261	
16	Stellérides	Ophiure annuleuse	36 60	213 225	59
17	*Idem*	Euryale à côtes lisses	16 60	45 227	61
18	*Idem*	Comatule de l'adéone	10 60	109 230	59
19	*Idem*	Encrine d'Europe	14 60	458 234	60
20	Polypiers	*Idem* à panache	14 60	458 234	36
		Idem lys-de-mer	14 60	458 234	
		Astropode élégante	3 S.	74	
		Encrine de Godon	14 60	458 234	
		Marsupites Mantelli	29 60	244 244	
21	Médusaires	Eudore onduleuse	15 60	526 250	58
22	*Idem*	Carybdée périphylle	60	253	58
		Phorcinie cudonoïde	40 60	2 252	
		Eulymène cyclophylle	15 60	537 252	
23	*Idem*	Bérénice euchrome	42 60	391 254	58
		Équorée cyanée	15 60	142 255	
24	*Idem*	Orythie verte	36 60	513 260	58
		Dyanée Gabest	60	261	
		Géronye tétraphylle	60	261	
25	*Idem*	Favonie octonème	16 60	297 262	58
		Lymnorée trièdre	27 60	437 262	
		Cyanée Labiche	12 60	260 269	
26	*Idem*	Cassiopée frondescente	7 60	229 263	59
		Mélicerte perle	29 60	521 260	
		Obélie sphéruline	35 60	272 257	

N.° d'ordre.	FAMILLES.	GENRES ET ESPÈCES.	RENVOI AU TEXTE. Tome.	Page.	N.° du cahier.
27	Médusaires	Aurélie labiée	60	263	58
28	*Idem*	*Idem* crénelée	60	264	58
29	*Idem*	Rhizostome de Cuvier	45 60	398 267	58
		Cephée Guérin	7 60	414 267	
30	Arachnodermaires	Vélelle large	57 60	217 272	60
		Idem oblongue	57 60	217 272	
31	Médusaires	Porpite géante	43 60	70 173	58
		Idem glandifère	43 60	70 273	
32	Zoanthaires	Actinie verte	1 1 S. 60	246 52 291	59
33	*Idem*	Corticifère glaréole	60	297	60
		Zoanthe de Solander	59 60	350 295	
		Mamillifère auriculée	28 60	474 295	
		Lucernaire auricule	27 60	260 261 283	
34	Madréporés	Cyclolite numismale	60	301	36
		Fongie patellaire	17 60	216 303	
		Idem limace	17 60	216 303	
35	*Idem*	Cellépore oculée	7 60	353 408	61
		Distichopore violet	42 60	394 381	
		Millépore cervicorne	31 60	82 393	
		Caryophyllie en gerbe	7 60	195 311 312	
		Porite multicaule	43 60	49 362	
		Caryophyllie gobelet	7 60	194 310	
		Idem glabrescente	7 60	194 310	
		Astrée rayonnante	42 60	378 334	

N.° d'ordre.	FAMILLES.	GENRES ET ESPÈCES.	RENVOI AU TEXTE. Tome.	Page.	N.° du cahier.
36	Madréporés.....	Pavonie laitue...........	38	167	61
			60	330	
		Échinopore rosette (sous le nom d'*Échinastr. à rosette*)	60	344	
		Agarice contournée.......	60	326	
		Méandrine labyrinthiforme	29	376	
			60	323	
		Explanaire entonnoir	16	81	
			60	353	
37	*Idem*..........	Monticulaire feuille	32	498	36
			60	328	
		Turbinolie sillonnée......	56	93	
			60	307	
38	*Idem*..........	Oculine rose............	35	355	36
			60	346	
		Millépore corne-d'Élan...	31	81	
			60	356	
		Sériatopores piquant......	48	495	
			60	362	
39	*Idem*..........	Pocillopore corne-de-daim.	42	47	36
			60	363	
		Madrépore abrotanoïde....	28	7	
			60	354	
		Porite de Péron.........	43	49	
			60	362	
40	Tubipores.......	Caténipore escharoïde.....	7	269	34
			60	318	
		Tubipore pourpre........	56	25	
			60	464	
		Tubulipore foraminulé....	56	33	
			60	390	
		Favosite de Gothland	16	297	
			60	367	
		Styline échinulée........	51	182	
			60	317	
		Sarcinule perforée........	47	351	
			60	314	
41	Actinaires et Escharés.......	Diastopore foliacée.......	42	392	35
			60	395	
		Hippalime fongoïde......	21	171	
			60	503	
		Pélagie bouclier.........	38	279	
			60	270	
		Montlivaltie caryophyllie.	32	503	
			60	302	
		Tilésie tortueuse.........	54	365	
			60	380	

N.° d'ordre.	FAMILLES.	GENRES ET ESPÈCES.	RENTOI AU TEXTE. Tome.	Page.	N.° du cahier.
41	ACTINAIRES et ESCHARES.......	Turbinolopse ochracé.....	56 60	94 309	35
42	ACTINAIRES, MILLÉPORÉS et TUBIPORÉS........	Chenendopore fongiforme.	42 60	391 505	33
		Chrysaore corne-de-daim..	42 60	392 379	
		Eudée en massue........	42 60	393 502	
		Eunomie rayonnante.....	42 60	393 367 368	
		Favosite Alcyon	16 60	298 307	
43	FORAMINÉS LAMELLEUX.........	Alecto dichotome........	42 60	390 428	28
		Alvéolite madréporacée...	1 16 60	557 103 369	
		Apseudésie crêtée........	42 60	391 373	
		Bérénice du déluge	42 60	391 410	
		Caténipore escharoïde.....	7 60	269 318	
		Cyclolite hémisphérique ..	60	301	
44	MADRÉPORÉS.....	Verticillite d'Ellis........	58	5	52
		Rubule de Soldani.......	46 60	396 391	
		Nubéculaire lucifuge.....	35	210	
45	CARYOPHYLLAIRES MILLÉPORES...	Spiropore élégant........	50 60	300 380	35
		Théonée chlatrée.........	53	470	
		Vinculaire fragile........	58 60	214 418	
		Turbinolie déprimée......	56 60	91 307	
		Térébellaire très-rameuse..	53 60	112 374	
		Idem antilope...........	53 60	112 374	
46	FORAMINÉS......	Intricarie d'Ellis.........	23 60	546 420	25
		Idmonée triquètre........	22 60	564 384	
		Hornère hyppolite........	21 60	432 384	

N° d'ordre.	FAMILLES.	GENRES ET ESPÈCES.	RENVOI AU TEXTE. Tome.	Page.	N.° du cahier.
46	Foraminés	Lichénopore turbinée	26	257	25
			60	372	
		Idmonée échelonnée	22	565	
			60	384	
		Palmulaire de Soldani	37	293	
			60	407	
47	*Idem*	Lunulite en parasol	27	361	17
			60	413	
		Orbulite plane	36	294 295	
		Vaginopore fragile	56	428	
			60	406	
		Dactylopore cylindracé	12	443	
			60	401	
48	*Idem*	Polytrype alongé	42	453	17
			60	405	
		Ovulite perle	37	134	
			60	404	
		Idem alongé	37	134	
			60	404	
		Oryzaire Bosc	16	103	
		Fabulaire discolithe	18	103	
49	Alcyonés, Actinaires, Millépores, Tubiporés	Hallirhoé à côtes	42	393	33
			60	503	
		Iérée pyriforme	23	2	
		Licophre lentille	26	271	
		Lymnorée mamelonnée	27	437	
			42	394	
			60	504	
		Microsolène poreuse	31	43	
			60	387	
50	Rétéporés	Flustre foliacée	17	174	34
			60	415	
		Idem pileuse	17	176	
			60	415	
		Eschare bouffant	15	296	
			60	393	
		Discopore réticulaire	13	345	
			60	411	
		Lunulite radiée	27	360	
			60	413	
		Ovulite perle	37	134	
			60	404	
		Cellaire céréoïde	7	353	
			60	419	
51	*Idem*	Rétépore dentelle	45	281	34
			60	398	

N.° d'ordre.	FAMILLES.	GENRES ET ESPÈCES.	RENVOI AU TEXTE.		N.° du cahier.
			Tome.	Page.	
51	Rétéporés	Adéone foliifère	1 S. 60	60 396	34
		Alvéolite encroûtante	1 S. 60	137 369	
		Ocellaire nue	35 60	328 395	
		Orbiculite lenticulée	S.	—	
		Dactylopore cylindracé	12 60	443 401	
52	Polypiaires	Cellaire salicor	7 60	352 419	61
		Eucratée cornet (sous le nom d'*Unicellaire cornet*)	15 60	521 426	
		Achamarchis néritine	60	423	
		Cabérée dichotome	60	422	
53	*Idem*	Électre verticillée	14 60	296 414	61
		Canda arachnoïde	6 S. 60	89 421	
		Anguinaire serpent	1 S. 60	71 431	
		Ménipée Hyale	30 60	32 427	
54	*Idem*	Phéruse tubuleuse	39 60	471 418	61
		Elzérine de Blainville	14 60	378 417	
		Tubulaire rameuse	56 60	29 435	
		Galaxaure rigide	18 60	62 518	
55	Sertulariés	Lirizoaire tulipifère	60	450	60
		Sérialaire lendigère	48 60	493 440	
		Antennulaire indivise	2 S. 34 60	72 380 450	
		Plumulaire myriophylle	42 60	17 441	
		Dynamine operculée	13 60	570 447	
		Sertulaire abiétine	49 60	22 445	
56	*Idem*	Idie scie	22 60	563 447	60

N.° d'ordre.	FAMILLES.	GENRES ET ESPÈCES.	RENVOI AU TEXTE. Tome.	Page.	N.° du cahier.
56	Sertulariés	Clytie volubile	9	454	60
			60	437	
		Campanulaire verticillée	6 S.	69	
			60	437	
		Thoa halécine	54	282	
			60	452	
57	Polypiaires	Hydre verte	22	109	61
			60	459	
		Idem rose	22	109	
			60	459	
		Coryne glanduleuse	10	582	
			60	436	
		Pédicellaire trident	38	207	
		Difflugie protéiforme	13	232	
			60	457	
		Plumatelle campanulée	42	12	
			60	455	
		Cristatelle vagabonde	11	611	
			60	454	
		Alcyonelle des étangs	1 S.	110	
			60	456	
58	Zoophytaires	Isis queue-de-cheval	24	13	61
			60	467	
		Corail rouge	10	352	
			60	466	
		Mélitée ochracée	29	543	
			60	265	
			60	468	
59	*Idem*	Mopsée dichotome	32	505	61
		Antipathe myriophylle	2	259	
			60	474	
		Gorgone verruqueuse	19	227	
			60	469	
		Eunicée à gros mamelons	15	542	
			60	471	
		Plexaure liége	41	397	
			60	473	
		Primnoa lépadifère	43	304	
			60	474	
60	*Idem*	Pennatule grise	38	360	61
			60	480	
			38	361	
		Idem cynomoire	57	318	
			60	482	
61	*Idem*	Pavonaire quadrangulaire	17	525	61
			38	166	
			60	480	

N.° d'ordre.	FAMILLES.	GENRES ET ESPÈCES.	RENVOI AU TEXTE. Tome.	Page.	N.° du cahier.
61	ZOOPHYTAIRES....	Ombellulaire encrine.....	36 60	97 477	61
		Virgulaire jungoïde......	58 60	279 478	
		Funiculine cylindrique...	17 60	525 472	
		Virgulaire à ailes lâches .	58 60	278 478	
62	ALCYONIENS......	Lobulaire violette........	27 60	104 485	61
		Rénille violette..........	45 60	43 482	
		Téthye orange...........	53 60	266 507	
		Géodie bosselée..........	18 60	351 498	
		Lamarckie bourse........	25	175	
63	SPONGIAIRES.....	Éponge bullée..........	15 60	112 492	61
		Idem creuset...........	15 60	111 492	
		Idem vulgaire..........	15 60	105 493	
		Idem main.............	15 60	93 492	
		Idem paniforme.........	15 60	93 492	
64	*Idem*..........	Acicule siliceux du *Spongia friabilis*...........	60	497	61
65	CORALLINÉS.....	Amphiroë foliacée.......	60	515	60
		Janie sagittée...........	24 60	138 512	
		Coralline officinale.......	10 60	364 510	
		Flabellaire raquette......	17 60	90 513	
66	*Idem*..........	Nésée noduleuse.........	34 60	492 516	60
		Udotée flabellée.........	56 60	229 520	
		Acétabule de la Méditerran.	1 S. 42 60	18 394 518	
		Polyphyze australe.......	42 60	371 519	

N.° d'ordre.	FAMILLES.	GENRES ET ESPÈCES.	RENVOI AU TEXTE.		N.° du cahier.
			Tome.	Page.	
67	NÉMAZOONES.....	Girodella comoïdes.......	34	368	42
68	Objets peu connus	Réceptaculite de Neptune.	45	5	4
		Trigonellite de Parkinson.	55	291	

FIN DE LA TABLE DES ZOOPHYTES.

TABLE

ALPHABÉTIQUE DES PLANCHES DES ZOOPHYTES.

(Le chiffre indique l'ordre de la planche.)

www.ingramcontent.com/pod-product-compliance
Ingram Content Group UK Ltd.
Pitfield, Milton Keynes, MK11 3LW, UK
UKHW020522180726
13839UKWH00005B/2242

9 782329 355702